SOINS ET PROPRIÉTÉ
DES SINGES OUITIS

Le guide complet du royaume intrigant des singes Ouistiti : leur régime alimentaire, leur durée de vie, leur reproduction, leur comportement social, leur santé, leur coût, leur habitat, leurs soins, leur nutrition et pourquoi ils font d'excellents animaux de compagnie.

PAR

RAPH BILLS

COPYRIGHT © 2024 TOUS DROITS RÉSERVÉ

TABLE DES MATIÈRES

CHAPITRE 1 :
INTRODUCTION DU SINGE OUITIS

CHAPITRE 2 :
COMPRENDRE LE COMPORTEMENT DES OUITIS

CHAPITRE 3 :
CRÉER L'ENVIRONNEMENT IDÉAL

CHAPITRE 4 :
NUTRITION ET ALIMENTATION

CHAPITRE 5 :
SOCIALISATION ET MANIPULATION

CHAPITRE 6 :
TRAITEMENT MÉDICAL ET QUESTIONS FRÉQUEMMENT POSÉES

CHAPITRE 7 :
STIMULATION MENTALE ET ENRICHISSEMENT POUR LES OUITIS

CHAPITRE 8 :
CONSIDÉRATIONS JURIDIQUES ET RESPONSABILITÉS ÉTHIQUES

CHAPITRE 9 :
NUTRITION ET ALIMENTATION DU OUITIS

CHAPITRE 10 :

FORMATION ET ENRICHISSEMENT COMPORTEMENTAL DES OUITIS

CHAPITRE 11 :
ASPECTS JURIDIQUES ET OBLIGATIONS ÉTHIQUES DE LA PROPRIÉTÉ DE OUITIS

CHAPITRE 12 :
LES PLAISIRS DE PROPRIÉTER UN OUITIS ET CRÉER UN LIEN FORT

CHAPITRE 13 :
QUESTIONS ET RÉPONSES FRÉQUEMMENT POSÉES (FAQ)

CHAPITRE 1:

INTRODUCTION DU SINGE OUITIS

Les singes du Nouveau Monde, souvent appelés ouistitis, sont une espèce intrigante et inhabituelle qui a suscité l'intérêt des propriétaires d'animaux et des amoureux des animaux. Ces petits singes agiles font partie de la famille des Callitrichidae et sont originaires d'Amérique du Sud. Le ouistiti commun (Callithrix jacchus), en particulier, a gagné en popularité en tant qu'animal de compagnie exotique en raison de sa petite taille, de son caractère pointu et de ses besoins d'entretien relativement faibles. Mais en prendre soin est une affaire complexe, et quiconque envisage d'en posséder un doit être conscient de leur nature et de leurs exigences.

Un aperçu des espèces de ouistitis

Il existe environ 22 espèces différentes de ouistitis, dont le ouistiti commun, le ouistiti pygmée et le ouistiti de Geoffroy. L'espèce la plus populaire gardée comme animal de compagnie est le ouistiti commun, qui se distingue par ses oreilles touffues, son visage expressif et son caractère grégaire. Comparés aux autres primates, les ouistitis sont extrêmement petits ; certaines espèces, comme le ouistiti pygmée, qui est le plus petit singe du monde, peuvent peser aussi peu que 100 grammes.

Ces singes se trouvent dans les bois d'Argentine, du Brésil et du Paraguay, où ils sont capables de naviguer dans l'épaisse canopée des arbres. Parce que les ouistitis sont arboricoles, ils vivent principalement dans les arbres et peuvent sauter assez rapidement de branche en branche. Vivant en petits groupes familiaux dans la nature, ils dépendent largement de leurs solides relations sociales pour leur survie quotidienne.

Contexte et écologie à l'état sauvage

Les systèmes sociaux complexes que présentent les singes ouistitis dans la nature sont bien connus. On les voit généralement vivre en petits groupes familiaux avec leurs parents et leurs enfants. Les ouistitis étant monogames, les deux sexes contribuent à l'élevage des petits. Ces singes ont des liens physiques intimes avec les membres de leur famille et ont une forte affinité avec eux, entretenue par le toilettage. Les ouistitis utilisent diverses vocalisations pour communiquer, telles que des sifflements aigus, des clics et des trilles, pour avertir d'un danger, exprimer des émotions ou coordonner des activités avec les autres membres de leur groupe.

Dans la nature, les ouistitis mangent une variété d'aliments, notamment des fruits, des insectes, de petits animaux et de la gomme ou de la sève des arbres. Ils sont habiles à creuser des trous dans les arbres pour accéder à la sève, grattant l'écorce avec leurs dents uniques. Leur santé et leur bien-être sont grandement influencés par ce régime alimentaire, qui leur apporte les nutriments dont ils ont besoin pour s'épanouir dans leur habitat naturel.

Caresser les ouistitis : une tendance croissante

En raison de leur apparence attachante et de leur personnalité perspicace, les singes ouistitis sont devenus des animaux de compagnie de plus en plus populaires ces dernières années. Mais contrairement aux chiens ou aux chats, les ouistitis ont besoin d'un environnement et de soins très particuliers qui ressemblent beaucoup à leur habitat d'origine. Les propriétaires potentiels doivent être conscients que maintenir les ouistitis en captivité implique une grande responsabilité puisqu'il s'agit de créatures inhabituelles.

Leur petite taille contribue de manière significative à leur attrait, car cela peut paraître plus réalisable que celui des singes plus gros. Mais en raison de leur petite taille, ils sont également plus sensibles et plus facilement stressés, c'est pourquoi leurs soins doivent être effectués avec soin. Étant donné qu'ils ne peuvent survivre que 15 à 20 ans en captivité, les ouistitis ont besoin d'un foyer à long terme. Être constamment avec eux ou en avoir plusieurs est crucial car ce sont des créatures très sociables qui peuvent devenir problématiques si elles sont laissées seules.

Propriété et aspects juridiques

Tous les pays ou juridictions n'autorisent pas la possession de singes ouistitis, et il peut y avoir des lois strictes régissant leur garde. Avant d'acheter un ouistiti, les propriétaires potentiels doivent s'assurer qu'ils connaissent les lois locales. Posséder un animal exotique nécessite une autorisation dans de nombreux endroits, et ces licences incluent souvent des exigences relatives au logement, à l'entretien et à la surveillance vétérinaire de l'animal. En plus de garantir le bien-être de l'animal, le respect de ces règles est crucial pour éviter des problèmes juridiques.

De plus, la propriété des ouistitis pose des problèmes moraux. Étant donné que les singes ont des exigences sociales complexes et des comportements difficiles à satisfaire dans un cadre domestique, de nombreux groupes de défense des droits des animaux affirment que garder des primates comme animaux de compagnie est cruel. Comme les autres primates, les ouistitis sont des créatures très sensibles et intellectuelles qui ont besoin d'exercice mental, de compagnie et d'un bon environnement. Il est important de considérer les ramifications éthiques et de vous assurer que vous êtes prêt à répondre aux exigences de l'animal avant de choisir d'avoir un ouistiti.

CHAPITRE 2 :

COMPRENDRE LE COMPORTEMENT DES OUITIS

Comprendre les nombreux comportements manifestés par les singes ouistitis est crucial pour prodiguer des soins appropriés et maintenir une connexion positive avec ces primates intelligents. Leur structure sociale, leurs modes de communication et leurs instincts innés jouent tous un rôle majeur dans l'élaboration de leur comportement. Les propriétaires peuvent répondre aux besoins de leur ouistiti, favoriser une atmosphère plus paisible et éviter de futurs problèmes de comportement en étant conscients de ces habitudes.

Organisation sociale et interaction
Étant des animaux très grégaires, le comportement des ouistitis est fortement influencé par les personnes avec lesquelles ils interagissent. Afin de se sentir en sécurité émotionnellement et de survivre, les ouistitis à l'état sauvage nouent des relations profondes avec les membres de leurs petits groupes familiaux. La structure sociale des ouistitis se reflète en captivité, où ils développent des liens étroits avec leurs propriétaires et avec les autres ouistitis. Maintenir un ouistiti heureux et intellectuellement engagé nécessite une compréhension de cette dynamique sociale.

Les Ouistitis utilisent une gamme de vocalisations, de langage corporel et d'émotions sur leur visage pour communiquer. Ils communiquent diverses émotions, notamment la peur, l'agressivité ou le plaisir, avec des bruits distincts. Un sifflement aigu, par exemple, peut signifier une satisfaction ou un intérêt, mais un clic impliquerait une irritation ou une prudence. Les propriétaires doivent devenir capables d'identifier ces bruits et de réagir de manière appropriée aux signaux émotionnels de leur singe.

En plus d'utiliser leur voix, les ouistitis transmettent également leurs messages via leur langage corporel. Pour les ouistitis, le toilettage est une activité sociale cruciale et ils se toilettent souvent les uns les autres pour renforcer leurs relations. Un ouistiti en captivité peut tenter de toiletter son maître en signe d'amour et de confiance. Pour les ouistitis, le toilettage est aussi un passe-temps apaisant qui fait baisser les tensions.

Une autre caractéristique des ouistitis est leur curiosité. Ce sont des créatures naturellement curieuses qui aiment explorer leur environnement et interagir avec les gens et les choses. Il est essentiel à leur bien-être de leur offrir des possibilités de stimulation mentale et d'investigation. Un enrichissement insuffisant peut conduire à l'ennui chez les ouistitis et à l'émergence de problèmes de comportement, notamment un toilettage, un rythme ou une agressivité excessifs.

Acteurs typiques en détention

Les singes ouistitis peuvent présenter une gamme de comportements en tant qu'animaux de compagnie qui indiquent leurs tendances innées et leurs exigences sociales. Il est crucial de comprendre ces habitudes afin d'éviter les problèmes et d'offrir un environnement agréable et sain pour l'animal.

- *Curiosité et Exploration* **:** Les Ouistitis s'intéressent naturellement à leur environnement et l'étudieront en détail. Ils veulent grimper, sauter et explorer de nouvelles choses. Il est donc essentiel de leur offrir une atmosphère à la fois engageante et riche en opportunités d'apprentissage. Pour garder votre ouistiti stimulé cognitivement, les propriétaires doivent remplacer régulièrement les jouets et proposer de nouvelles activités.

- *Toilettage:* Entretenir sa toilette montre non seulement la sécurité et le bonheur, mais c'est aussi une activité sociale. Afin de nouer des liens avec leurs ravisseurs, les ouistitis peuvent tenter de les toiletter. Afin de renforcer le lien entre vous et votre animal, il est essentiel de reconnaître ce comportement et d'y réagir avec tendresse.

- *Territoire de marquage :* Les ouistitis marquent naturellement leur territoire, comme le font de nombreux autres animaux. Les hommes sont plus susceptibles de se livrer à cette activité, qui implique le marquage olfactif comme moyen d'affirmer le contrôle ou la propriété d'un territoire. Fixer des limites dans la maison et recevoir la bonne formation peut aider à réduire le marquage olfactif.

- ***Ludique :*** Les ouistitis sont des créatures vivantes qui adorent jouer de manière interactive avec leurs soigneurs. Ils aiment particulièrement les jeux qui les obligent à grimper, se cacher et chercher des friandises. La récréation contribue à améliorer la relation entre le ouistiti et son propriétaire en plus d'être une routine d'exercice.

- ***Agression :*** Bien que les ouistitis soient généralement gentils et grégaires, ils peuvent agir de manière agressive s'ils ressentent du stress ou un danger. La colère peut se manifester par des explosions bruyantes, des morsures ou des égratignures. Il est essentiel de comprendre les facteurs qui conduisent à l'agressivité, qui peuvent inclure des changements environnementaux brusques, un manque d'engagement social ou un sentiment de territorialité. Une atmosphère sécuritaire et stimulante peut contribuer à prévenir l'agressivité.

Indices de stress et de bonheur

Il est essentiel d'identifier l'état mental d'un ouistiti afin d'assurer son bien-être. Les ouistitis satisfaits interagiront de manière ludique les uns avec les autres, converseront avec des vocalisations douces et présenteront un langage corporel confortable. De plus, ils rechercheront activement des interactions sociales avec d'autres ouistitis ou leur propriétaire. Un ouistiti content montrera des signes de curiosité saine, explorant son environnement et s'engageant à la fois avec les gens et les choses.

En revanche, un ouistiti stressé ou insatisfait pourrait présenter des symptômes de mal-être ou d'inquiétude. Le rythme, les soins excessifs, les vocalisations comme les cris aigus ou le retrait des rencontres sociales sont quelques exemples de ces symptômes. De nombreux facteurs, comme un environnement inadapté, des changements brusques d'habitudes ou un manque de socialisation, peuvent entraîner du stress chez les ouistitis.

Pour réduire le stress, les propriétaires doivent surveiller de près le comportement de leur ouistiti et modifier l'environnement ou le régime de soins si nécessaire. Un ouistiti heureux et en bonne santé dépend d'un environnement cohérent et stimulant avec des contacts sociaux fréquents.

En résumé, pour prodiguer les plus grands soins possibles à ces primates grégaires et intelligents, il est essentiel de comprendre le comportement des ouistitis. En comprenant leurs styles de communication, leurs exigences sociales et leurs états émotionnels, les propriétaires peuvent créer une atmosphère favorable qui favorise le bien-être de leur ouistiti. Une connexion heureuse et durable avec ces créatures intrigantes peut être établie avec le soin et l'attention appropriés à leur comportement.

CHAPITRE 3 :

CRÉER L'ENVIRONNEMENT IDÉAL

L'un des éléments les plus importants pour prendre soin d'un ouistiti est de créer la maison idéale. En raison de leurs niveaux élevés d'activité, d'interaction sociale et d'intelligence, ces créatures ont besoin d'un environnement qui ressemble non seulement à leur habitat naturel, mais qui satisfasse également leurs besoins émotionnels, mentaux et physiques. Les ouistitis étant des animaux arboricoles, ils passent une grande partie de leur vie dans les arbres où ils grimpent, sautent et explorent leur environnement. Votre objectif en tant que propriétaire d'un animal de compagnie est de créer un environnement domestique aussi similaire que possible à cet environnement naturel.

Matériaux et taille de la cage

La taille de l'enclos est la première chose à prendre en compte lors de la construction d'un habitat de ouistiti. Malgré leur petite taille, les ouistitis sont des singes très actifs qui ont besoin de beaucoup d'espace pour se déplacer. Un seul ouistiti a besoin d'un enclos typique d'au moins 6 pieds de haut, 4 pieds de large et 4 pieds de profondeur. Mais lorsqu'il s'agit de cages à primates, une cage plus grande est vraiment préférable, surtout si vous souhaitez garder plus d'un ouistiti. Étant donné que les ouistitis sont des grimpeurs innés, il est particulièrement crucial de prévoir un espace vertical.

Des matériaux sûrs et non toxiques doivent être utilisés dans la construction de l'enceinte. Pour la cage elle-même, le fil d'acier enduit de poudre ou d'acier inoxydable fonctionne bien car il est solide et imperméable à la rouille. Afin d'empêcher le singe de fuir ou d'être piégé, les barreaux de la cage ne doivent pas être espacés d'un demi-pouce. Évitez les cages en bois et en plastique, car les ouistitis peuvent les ronger et, s'ils ne sont pas nettoyés correctement, ils peuvent contenir des germes.

L'atmosphère intérieure de la cage doit être intéressante et diversifiée. Pour favoriser l'escalade et le saut, créez des plates-formes, des cordes et des branches à différentes hauteurs. les branches indigènes d'arbres non toxiques, comme le pommier ou le chêne, fonctionnent bien car elles reproduisent l'habitat naturel du ouistiti tout en servant également de structures d'escalade. Un certain nombre de cachettes, telles que des boîtes ou des pochettes suspendues, doivent être incluses dans l'enclos afin que le ouistiti puisse s'y retirer pour se détendre et profiter de la solitude.

Amélioration de l'environnement

Le bien-être mental d'un ouistiti dépend de l'enrichissement environnemental en plus de disposer d'une cage spacieuse et intéressante. Une grande partie de la journée d'un ouistiti est passée dans la nature à rassembler de la nourriture, à se toiletter et à interagir avec d'autres individus. Pour éviter l'ennui et les problèmes de comportement, il est essentiel de reproduire ces activités aussi souvent que possible en captivité.

Les jouets de recherche de nourriture sont parmi les meilleures méthodes pour améliorer l'environnement d'un ouistiti. Le but de ces appareils est de faire travailler le singe pour sa nourriture, satisfaisant ainsi sa curiosité innée et lui offrant une stimulation cognitive. Par exemple, vous pouvez enterrer de la nourriture dans des mangeoires puzzle ou disperser de petites friandises tout autour de la cage pour que le ouistiti doive les rechercher. En encourageant le singe à explorer son environnement et à participer à des activités naturelles, la recherche de nourriture réduit le risque d'ennui et de stress.

Des échelles, des cordes et des balançoires peuvent tous être ajoutés pour améliorer l'enceinte. La santé et le bien-être du ouistiti dépendent de l'activité physique, qui est encouragée par ces éléments. De plus, donner au ouistiti une gamme de textures, par exemple des matériaux de literie doux ou diverses branches, améliorera son sens du toucher et apportera une certaine variation dans son environnement.

Exigences en matière de température, d'humidité et d'éclairage

Étant donné que les ouistitis sont originaires des régions tropicales et subtropicales, ils sont acclimatés aux climats chauds et humides. Il est vital pour leur santé de maintenir leur cage dans des conditions de température et d'humidité appropriées. Un ouistiti préfère que son environnement se situe entre 80 et 85 degrés Fahrenheit pendant la journée, avec des températures minimales nocturnes d'au moins 75 degrés. Pour maintenir l'enceinte à la bonne température, vous devrez peut-être utiliser des lampes chauffantes ou des radiateurs si vous résidez dans un région plus froide.

Maintenir une plage d'humidité de 50 à 60 % vous aidera à reproduire l'habitat naturel d'un ouistiti. Il est essentiel d'utiliser un hygromètre pour mesurer et réguler les niveaux d'humidité, car une faible humidité peut causer des problèmes cutanés et respiratoires. Les bons niveaux d'humidité peuvent être maintenus en pulvérisant de l'eau sur la cage ou en utilisant un humidificateur dans l'espace où est gardé le ouistiti.

Un autre élément crucial dans la conception de la maison idéale d'un ouistiti est l'éclairage. Semblables à d'autres primates, les ouistitis ont besoin d'être exposés aux rayons UVB ou au soleil naturel pour produire de la vitamine D, nécessaire à la solidité des os et à la santé générale. L'installation de lampes UVB vous permettra de simuler les effets du soleil naturel si l'habitat de votre ouistiti est à l'intérieur et ne reçoit pas la lumière directe du soleil. Pour reproduire le cycle naturel du jour et de la nuit, ces lumières doivent être allumées pendant dix à douze heures chaque jour.

Assainissement et propreté

Garder votre ouistiti en bonne santé et arrêter la propagation des maladies dépend de la propreté de son environnement. Un nettoyage régulier de l'enclos est nécessaire, ainsi que l'enlèvement quotidien des déchets, des vieux aliments et de la literie sale. Les bols de nourriture doivent être nettoyés après chaque repas et les plats d'eau doivent être nettoyés et réapprovisionnés quotidiennement.

L'enceinte doit être soigneusement nettoyée au moins une fois par semaine. Cela implique de vider la cage de tous les jouets, literies et accessoires et de la nettoyer à l'aide d'une solution sans danger pour les animaux. Avant de remettre les jouets et la literie, rincez-les bien pour éliminer tout résidu. La rotation régulière des jouets et des perchoirs peut également aider à empêcher les bactéries de s'accumuler et à donner de la diversité à votre ouistiti.

Points de sécurité à retenir

Les ouistitis étant des créatures curieuses et perspicaces, il est essentiel de s'assurer que leur maison est sécurisée. Inspectez régulièrement le boîtier pour déceler tout dommage ou danger possible, comme des trous dans les barres ou des arêtes vives. Pour éviter une consommation ou des dommages accidentels, les câbles électriques, les petits objets et les plantes dangereuses doivent être tenus hors de portée.

Avoir un système de verrouillage sécurisé sur l'enclos est également essentiel puisque les ouistitis sont connus pour être des animaux intelligents capables de déverrouiller même les verrous les plus élémentaires. Vous pouvez garder votre ouistiti en sécurité et empêcher les fuites en utilisant un cadenas ou un loquet étanche.

CHAPITRE 4 :

NUTRITION ET ALIMENTATION

Comprendre les besoins nutritionnels des ouistitis est crucial pour maintenir leur santé et leur bonheur, puisqu'une bonne nutrition est la pierre angulaire des soins des ouistitis. Dans la nature, les ouistitis consomment une grande variété d'aliments, notamment des fruits, des insectes, de minuscules vertébrés et de la gomme ou de la sève des arbres. Il peut être difficile de reproduire ce régime alimentaire diversifié en captivité, mais il est essentiel au bien-être de votre ouistiti. Étant donné que manger et chercher de la nourriture sont des actions naturelles qui les aident à rester actifs sur le plan cognitif, une alimentation bien équilibrée contribue à leur bien-être physique et mental.

Régime alimentaire en captivité vs régime naturel

En tant qu'omnivores à l'état sauvage, les ouistitis ont une alimentation riche en fruits, en insectes et en sève d'arbre. Leur nourriture est unique dans la mesure où ils ne mangent que la sève des arbres, qu'ils obtiennent en utilisant leurs dents particulières pour creuser des trous dans les arbres. Cette sève offre des éléments vitaux indispensables à leur bien-être, notamment des glucides et du calcium.

Bien qu'il puisse être difficile de nourrir les ouistitis en captivité avec la nutrition précise qu'ils trouveraient dans la nature, il est possible de leur fournir une alimentation saine et équilibrée qui réponde à leurs besoins. Les fruits frais, les légumes, les sources de protéines et les granulés de ouistiti ou de primates spécialement préparés doivent tous être inclus dans le régime alimentaire d'un ouistiti de compagnie.

Légumes et fruits frais

Le régime alimentaire d'un ouistiti devrait comprendre principalement des fruits et des légumes, car ils fournissent des vitamines, des minéraux et des fibres essentiels. Les options de fruits populaires pour les ouistitis comprennent les bananes, les pommes, les raisins et les melons ; cependant, il est essentiel de lui donner une variété de fruits pour garantir que votre animal reçoive toute une gamme de nutriments. Les oranges et les mandarines sont des exemples d'agrumes qui doivent être servis avec modération car une consommation excessive peut irriter l'estomac.

Les légumes sont un autre élément essentiel de l'alimentation d'un ouistiti. Les légumes comme les carottes, les patates douces et les poivrons fournissent des fibres et du bêta-carotène, tandis que les légumes-feuilles comme le chou frisé, les épinards et la laitue romaine sont d'excellents fournisseurs de vitamines A et K. Assurez-vous de laver soigneusement tous les fruits et légumes pour les éliminer. tout polluant ou pesticide avant de les donner à votre ouistiti.

Bien que les fruits et légumes constituent un bon complément à l'alimentation du ouistiti, ils ne devraient pas être sa source exclusive de nourriture. Les protéines et d'autres éléments que l'on ne trouve pas uniquement dans les fruits et légumes sont également nécessaires aux ouistitis.

Sources de protéines

La nourriture d'un ouistiti en captivité doit contenir des insectes car ils constituent un élément naturel et important de son alimentation dans la nature. Offrir à vos grillons, vers de farine et vers de cire plusieurs fois par semaine est un excellent moyen de leur fournir des protéines. Pour garantir que ces insectes fournissent à votre ouistiti la plus grande valeur nutritionnelle, ils doivent être chargés dans les intestins (nourris avec des aliments nutritifs) avant de leur être donnés. Vous pouvez acheter ces insectes dans les animaleries ou sur Internet.

Les ouistitis peuvent recevoir du poulet cuit, des œufs ou du tofu comme source de protéines en plus des insectes. Pour réduire le risque de contamination bactérienne, ils doivent être servis avec modération et complètement cuits. Évitez de donner à votre ouistiti du poisson ou de la viande crus, car ils peuvent contenir des parasites ou des germes dangereux.

Gomme et sève d'arbre

La sève ou la gomme des arbres est l'un des éléments les plus essentiels de l'alimentation d'un ouistiti. Lorsque les ouistitis vivent à l'état sauvage, ils passent beaucoup de temps à percer des trous dans les arbres pour en extraire la sève, qui contient des éléments importants comme le calcium. La sève naturelle des arbres peut être difficile à nourrir en captivité, mais des substituts commerciaux sont disponibles, notamment la gomme d'acacia, que vous pouvez acheter en ligne ou dans des animaleries spécialisées.

Il est crucial de fournir un approvisionnement en gomme ou en sève pour un enrichissement comportemental ainsi que pour des raisons nutritionnelles. Le gougeage et la recherche de sève sont deux activités auxquelles les ouistitis ont une habitude naturelle, et leur permettre d'y participer peut les rendre moins stressés et ennuyés.

Granulés de Ouistiti ou Primate

La base de la nourriture de votre ouistiti doit être constituée de granulés de ouistiti ou de primates fournis dans le commerce. Ces granulés sont spécialement conçus pour fournir des vitamines, des minéraux et des acides aminés, entre autres éléments vitaux, dont les ouistitis ont besoin. Recherchez un granulé de qualité supérieure spécialement conçu pour les ouistitis ou les petits singes et suivez les directives d'alimentation recommandées par le fabricant.

Chaque jour, des granulés doivent être fournis en plus des produits frais, des fruits et des sources de protéines. Les aliments frais sont essentiels à la diversité et à l'enrichissement de l'alimentation de votre ouistiti, même si les granulés constituent une source de nutriments bien équilibrée.

Addenda

Pour s'assurer qu'ils reçoivent tous les nutriments dont ils ont besoin, les ouistitis peuvent également avoir besoin de prendre certains suppléments en plus d'une alimentation équilibrée. Étant donné que les ouistitis sont sensibles aux maladies métaboliques osseuses s'ils ne consomment pas suffisamment de calcium dans leur alimentation, le calcium est très crucial pour eux. Plusieurs fois par semaine, donnez un supplément de calcium à ses repas, surtout si vous ne lui donnez pas de gomme ou de sève d'arbre.

Étant donné que la vitamine D est également nécessaire à l'absorption du calcium, vous devrez peut-être donner un supplément à votre ouistiti s'il n'est pas suffisamment exposé aux UVB ou au soleil naturel. Pour savoir combien et à quelle fréquence compléter votre ouistiti, parlez-en à un vétérinaire spécialisé dans les animaux exotiques.

Horaires des repas

Afin de reproduire leurs habitudes alimentaires normales, les ouistitis doivent recevoir peu de repas fréquents tout au long de la journée. La majorité de la journée d'un ouistiti est passée dans la nature à chercher de la nourriture et à consommer de petites quantités de nourriture à la fois. Il est donc essentiel d'imiter ce modèle d'alimentation en captivité.

Offrir des fruits et légumes frais le matin, une source de protéines comme du poulet cuit ou des insectes l'après-midi et des granulés ou de la gomme le soir serait un régime alimentaire normal pour un ouistiti. Après quelques heures, veillez à retirer de la cage toute nourriture non consommée pour éviter le développement bactérien et la détérioration.

Hydratation

Votre ouistiti doit toujours avoir accès à de l'eau fraîche. Pour offrir de l'eau, utilisez un plat épais et anti-déversement ou une bouteille avec un tube à aspiration. Pour empêcher les germes de se développer, changez l'eau de la bouteille ou du plat tous les jours et nettoyez-la souvent.

Outre l'eau, les ouistitis peuvent également bénéficier de petites quantités de jus de fruits dilués, notamment du jus de raisin ou de pomme.

Assurez-vous que le jus que vous choisissez ne contient pas d'édulcorants artificiels ni de sucres ajoutés et servez-le parfois comme friandise.

Pensées finales

Les besoins nutritionnels d'un ouistiti sont complexes et variables, c'est pourquoi son alimentation nécessite une préparation minutieuse et une attention aux détails. Vous pouvez contribuer à la santé et au bonheur continus de votre ouistiti en lui donnant une alimentation équilibrée comprenant des fruits frais, des légumes, des sources de protéines, de la sève ou de la gomme d'arbre et des granulés de ouistiti spécialement conçus. La santé mentale et émotionnelle de votre ouistiti dépend de sa capacité à se nourrir et à adopter des habitudes alimentaires naturelles en plus d'une alimentation saine. Consultez régulièrement un vétérinaire spécialisé dans les soins aux primates pour surveiller la santé de votre ouistiti et apporter les changements alimentaires qui pourraient être nécessaires.

CHAPITRE 5 :

SOCIALISATION ET MANIPULATION

Une partie essentielle du soin des ouistitis est la manipulation et la socialisation. Les ouistitis sont des singes grégaires qui aiment interagir et développer des liens forts avec leurs gardiens. Néanmoins, les ouistitis étant des créatures sauvages, en prendre soin demande cohérence, tolérance et connaissance de leur comportement typique. Lorsqu'un ouistiti est bien socialisé, on peut développer avec lui un attachement satisfaisant qui ressemble aux liens sociaux forts qu'il rencontre dans la nature. Ce chapitre couvrira les attentes en matière de conduite, la manière de traiter et de socialiser votre ouistiti de manière appropriée, ainsi que l'importance d'instaurer la confiance.

Les Ouistitis Nature

Les Ouistitis vivent en groupes familiaux dans les jungles sud-américaines dont ils sont originaires. Les relations sociales sont essentielles à la survie de ces regroupements composés de parents et d'enfants. Ils utilisent la communication verbale, le jeu et la toilette comme éléments essentiels de leur vie sociale. Même si ces comportements sociaux instinctifs ne disparaissent pas en captivité, leur environnement et leur hiérarchie sociale disparaissent. Étant donné que les ouistitis ont besoin de connexions humaines et de socialisation lorsqu'ils sont élevés comme animaux de compagnie, il est essentiel de prendre soin de leurs animaux avec compassion.

Commencer le processus de socialisation

Dès qu'un ouistiti entre dans votre maison, la socialisation a lieu. La première chose à faire lorsqu'on ramène un ouistiti nouveau-né ou adulte à la maison est de lui laisser le temps de s'habituer à son nouvel environnement. Il est important de leur laisser le temps de s'acclimater, car un ouistiti inquiet ou effrayé ne réagira pas bien à la manipulation ou au contact. Il est essentiel de créer un espace paisible et confortable pour le ouistiti afin qu'il puisse vous observer, vous et votre famille, sans trop s'approcher.

Ne gérez pas les choses directement à ce stade précoce. Asseyez-vous plutôt près de la cage et laissez le ouistiti vous observer. Parlez doucement et offrez des friandises dans les bars afin que les gens commencent à associer votre présence à de bonnes choses. Selon la disposition du ouistiti, ce processus peut prendre de quelques jours à plusieurs semaines. Il est crucial de prendre votre temps dans ce processus, car engager la conversation trop tôt pourrait provoquer de la peur ou de l'hostilité.

Méthodes de manipulation calmes

Une fois que le ouistiti semble à l'aise en votre compagnie, vous pouvez commencer à le manipuler. Sans essayer de ramasser le ouistiti, commencez par mettre la main à l'intérieur du récipient. Laissez-le venir à vous à son rythme, en le récompensant avec des friandises. Le ouistiti finira par s'habituer à vous et pourra commencer à se percher sur votre main ou votre bras.

Soyez toujours calme et gentil lorsque vous interagissez avec un ouistiti. Ils sont facilement effrayés par des mouvements brusques ou des sons forts, qui peuvent causer du stress ou des blessures. Si nécessaire, maintenez le corps du ouistiti en utilisant une prise douce mais forte pour l'empêcher de tomber. Parce qu'ils sont légers et agiles, les ouistitis aiment grimper sur leurs gardiens, et vous pourriez les découvrir en utilisant votre corps comme perchoir. Il s'agit d'un comportement typique qui peut permettre une interaction amusante avec votre animal.

Une manipulation fréquente est particulièrement cruciale pour le lien et la socialisation des jeunes ouistitis. Il est cependant important de respecter leurs limites. Donnez de l'espace à un ouistiti s'il semble anxieux, effrayé ou inquiet. Des vocalisations telles que des cris aigus, une respiration rapide ou des efforts pour fuir peuvent être des indicateurs de stress. Savoir comment identifier ces signaux peut vous aider à décider quand donner à votre ouistiti un peu d'espace pour s'installer.

La fonction du jeu dans la socialisation

Le jeu est un élément crucial de la socialisation des ouistitis. Les jeunes ouistitis acquièrent des compétences sociales et physiques essentielles en jouant avec leurs parents, frères et sœurs dans la nature. En offrant à votre ouistiti des jouets, des cadres d'escalade et des activités interactives, vous pouvez encourager le jeu. Les jeux qui incluent la chasse, l'escalade ou l'exploration sont populaires parmi les ouistitis, alors incluez-les dans vos rencontres régulières pour approfondir votre relation.

Les jouets interactifs peuvent également susciter l'intérêt d'un ouistiti et favoriser le jeu, comme des mangeoires puzzle ou de petites balles. Fournir des branches naturelles et des cordes d'escalade peut également reproduire le cadre arboricole auquel ils sont habitués, les gardant occupés à la fois intellectuellement et physiquement.

S'entendre avec les gens et les autres animaux de compagnie

En raison de leur niveau élevé d'interaction sociale, les ouistitis développent souvent des relations non seulement avec leur principal soignant, mais également avec d'autres personnes et animaux de compagnie. Cependant, vous devez faire preuve de prudence lorsque vous acclimatez votre ouistiti à des personnes ou à des animaux inconnus. Les ouistitis peuvent être dangereux pour les animaux plus gros, en particulier les chiens ou les chats, alors surveillez toujours la façon dont vous interagissez avec les autres animaux. En revanche, si les ouistitis perçoivent un danger venant d'un autre animal, ils peuvent devenir hostiles ou possessifs.

Comme pour votre première socialisation, prenez votre temps pour familiariser votre ouistiti avec de nouvelles personnes. Permettez au ouistiti d'approcher les étrangers à son guise. Félicitez les gens pour leur sang-froid, leur patience et leur attitude calme en les récompensant avec des friandises. Il faudra peut-être de nombreuses présentations polies avant que les ouistitis se sentent à l'aise avec les étrangers, car ils pourraient se méfier des nouveaux individus.

Difficultés de socialisation

Il peut être difficile de socialiser un ouistiti, surtout s'il n'a pas reçu beaucoup d'attention dans son ancien habitat. Lorsque les gens approchent des ouistitis plus âgés ou ceux qui ont eu de mauvaises expériences de manipulation, ils peuvent devenir plus agressifs ou plus effrayés. Dans ces situations, il est important de respecter la personnalité de chaque ouistiti et de se déplacer à une vitesse qui lui convient.

Un ouistiti peut manifester des actions agressives, notamment mordre ou siffler, s'il perçoit un danger ou s'il n'est pas familier avec l'interaction humaine. Il est crucial de gérer ces circonstances avec tolérance et compassion plutôt que de les punir. La relation que vous entretenez avec votre ouistiti peut être affaiblie par la punition, ce qui rendra la socialisation plus difficile. Utilisez plutôt des stratégies de renforcement positif, en louant le sang-froid et en favorisant progressivement la confiance.

Liens et socialisation à long terme

Tout au long de la vie de votre ouistiti, la socialisation nécessitera un travail constant plutôt qu'un événement ponctuel. Avoir des interactions régulières avec votre animal est crucial pour maintenir votre attachement fort. Ignorer la socialisation peut entraîner un comportement agressif, stressé ou ennuyé. Lorsqu'ils reçoivent une bonne socialisation, les ouistitis peuvent devenir des amis aimants et divertissants. Ils recherchent souvent des gardiens humains avec lesquels créer des liens et attirer l'attention.

Il est également important de garder à l'esprit que les ouistitis sont des créatures sociales. Garder de nombreux ouistitis ensemble pourrait leur fournir la structure sociale naturelle à laquelle ils sont habitués, si vous avez la place et les moyens de le faire. Mais n'oubliez pas que tous les ouistitis ne s'entendront pas tout de suite avec les autres, veillez donc à les introduire progressivement. L'exigence d'un engagement humain continu peut être réduite en socialisant correctement les ouistitis les uns avec les autres, puisqu'ils interagiront les uns avec les autres.

Pensées finales

Les éléments cruciaux des soins du ouistiti comprennent la manipulation et la socialisation, qui nécessitent de la persévérance, de la patience et du temps. Une relation solide et épanouissante peut résulter du développement de la confiance avec votre ouistiti par le jeu, une manipulation prudente et un renforcement positif. Votre ouistiti peut se sentir à l'aise, en sécurité et content dans son environnement si vous suivez ses désirs et ses habitudes naturels et si vous faites attention à tout signe de stress.

CHAPITRE 6 :

TRAITEMENT MÉDICAL ET QUESTIONS FRÉQUEMMENT POSÉES

Il faut examiner attentivement la nourriture, l'environnement et les soins préventifs d'un ouistiti pour le garder en bonne santé. En raison de leur nature exotique, les ouistitis sont sensibles à des problèmes de santé spécifiques pouvant résulter d'une mauvaise alimentation, d'une négligence ou d'un manque de soins vétérinaires. Ce chapitre passera en revue les principes fondamentaux des soins aux ouistitis, les maladies typiques qu'ils pourraient avoir et comment éviter et traiter ces problèmes.

Maintien de la santé générale

Une alimentation équilibrée, des soins vétérinaires fréquents et un environnement propre et sûr sont nécessaires pour maintenir la santé de votre ouistiti à son meilleur. En raison de leur petite taille et de leur physiologie distincte, les ouistitis sont des créatures délicates qui peuvent contracter des maladies que d'autres animaux ne pourraient pas contracter. Les examens de routine dans le cadre des soins préventifs sont essentiels pour identifier précocement tout problème de santé.

Nutrition et régime

L'un des éléments les plus cruciaux pour préserver la santé d'un ouistiti est une alimentation équilibrée. Étant omnivores, les ouistitis consomment une large gamme d'aliments dans la nature, tels que des fruits, des insectes, la sève des arbres et de petits animaux. Pour éviter les déficits nutritionnels, une alimentation tout aussi diversifiée est cruciale pour garder les animaux en captivité.

Les fruits frais, les légumes, les sources de protéines (comme les insectes) et la nourriture pour ouistiti spécialement préparée et vendue dans les animaleries devraient constituer le régime alimentaire d'un ouistiti. De plus, comme les ouistitis sont sensibles aux maladies métaboliques osseuses, un trouble provoqué par une carence en calcium et en vitamine D, il est impératif de leur fournir des suppléments de calcium. Leurs os s'affaiblissent à cause de cette maladie, ce qui peut provoquer des fractures et des anomalies.

Garder un œil sur les habitudes alimentaires de votre ouistiti est tout aussi vital que de lui donner les nutriments appropriés. Un vétérinaire doit être consulté immédiatement en cas de changement soudain d'appétit ou de perte de poids, car ceux-ci pourraient être des indicateurs précoces de maladie.

Problèmes de santé typiques

De nombreux problèmes de santé des ouistitis sont liés à leur habitat et à leur alimentation. Certaines des maladies les plus courantes dont les propriétaires de ouistitis doivent être conscients sont les suivantes :

Comme indiqué précédemment, maladie métabolique osseuse (MBD) : un déficit en calcium est à l'origine de la MBD, qui est un problème répandu chez les ouistitis. Des déformations, des os faibles et cassants et des difficultés à bouger peuvent tous résulter de cette maladie. Fournir une nourriture riche en calcium et veiller à ce que votre ouistiti ait accès à la lumière UVB, qui facilite la synthèse de la vitamine D, sont essentiels pour prévenir la MBD.

2. Problèmes dentaires : Dans la nature, les ouistitis grignotent l'écorce des arbres avec des dents spécialisées. Les maladies des gencives, les caries dentaires et d'autres problèmes dentaires peuvent survenir en captivité en raison d'une mauvaise alimentation et de la négligence des soins dentaires. Fournir des objets durs, tels que des produits à mâcher dentaires ou des insectes avec des exosquelettes, peut aider à maintenir la santé des dents de votre ouistiti. Les examens dentaires devraient faire partie des visites vétérinaires de routine.

3. Parasites : Comme beaucoup d'autres animaux, les ouistitis sont vulnérables aux parasites internes et externes, tels que les vers intestinaux, les poux et les acariens. Les maladies parasitaires peuvent être évitées grâce à des traitements vermifuges fréquents et au maintien d'un environnement de vie propre. Pour obtenir un diagnostic et un traitement pour des symptômes tels que la diarrhée, la perte de cheveux ou les démangeaisons, parlez-en à un vétérinaire.

4. Maladies respiratoires : Les courants d'air, le froid et la mauvaise qualité de l'air peuvent tous rendre les ouistitis plus vulnérables aux maladies respiratoires. Les éternuements, la toux, la respiration sifflante et l'écoulement des yeux ou du nez sont des signes d'infections respiratoires. La prévention de ces maladies peut être obtenue en gardant l'environnement dans lequel vit votre ouistiti au chaud, bien rangé et bien ventilé.

5. Diarrhée : Les changements alimentaires, le stress, les maladies et d'autres facteurs peuvent tous contribuer au problème répandu de diarrhée chez les ouistitis. La déshydratation peut résulter d'une diarrhée prolongée, il est donc essentiel de la traiter immédiatement. Assurez-vous que votre ouistiti a toujours accès à de l'eau propre et si la diarrhée ne disparaît pas, consultez un vétérinaire.

6. *Maladies liées au stress* : Les ouistitis sont sensibles au stress, qui peut se manifester par des maladies physiques, notamment une faiblesse du système immunitaire, l'arrachage des cheveux et une perte de poids. Les changements dans l'environnement, le manque d'interaction sociale ou l'ennui peuvent tous conduire au stress. Le stress peut être réduit en créant une atmosphère dynamique, riche en enrichissement et en engagement social fréquent.

Santé animale

Le maintien de la santé de votre ouistiti nécessite un traitement vétérinaire régulier. Les vétérinaires les plus qualifiés pour traiter les problèmes de santé des ouistitis sont ceux spécialisés dans le traitement des animaux exotiques, en particulier des singes. Planifiez des examens annuels pour garder un œil sur l'état de santé général de votre ouistiti, y compris son poids, sa santé dentaire et tout indicateur de maladie possible.

Établir une relation avec un vétérinaire qui peut fournir un traitement d'urgence si nécessaire est également crucial. Lorsqu'ils sont malades, les ouistitis peuvent se détériorer rapidement. Il est donc essentiel d'avoir à proximité un vétérinaire qualifié qui puisse prodiguer des soins en temps opportun.

Soins personnels et lavage

Même si les ouistitis se toilettent tout seuls, vous pouvez les aider à rester propres, surtout s'ils sont malades ou âgés. Les infections et les parasites peuvent être évités en nettoyant régulièrement la cage de votre ouistiti, y compris les bols de nourriture et d'eau. Chaque jour, nettoyez rapidement l'enclos et une fois par semaine, nettoyez-le en profondeur pour éliminer les restes de nourriture, les déchets et la literie.

Vous pouvez utiliser une serviette humide pour nettoyer délicatement la fourrure de votre ouistiti si elle devient boueuse. Mais évitez de donner un bain à votre ouistiti car cela pourrait lui causer des problèmes de santé car il peut s'agiter rapidement ou avoir froid.

Mesures préventives de santé à long terme

La prévention est la clé pour garder un ouistiti en bonne santé. Pour leur bien-être physique et émotionnel, il est essentiel de leur offrir des opportunités d'enrichissement et de socialisation en plus d'une alimentation saine et d'un environnement de vie propre. Les jouets, les jeux d'escalade et les puzzles qui encouragent leurs activités innées sont des exemples d'enrichissement. Dans la mesure du possible, socialiser avec d'autres ouistitis peut également contribuer à leur bien-être émotionnel.

Il est important de vérifier quotidiennement la santé de votre ouistiti. Surveillez leur faim, leur niveau d'activité et leur comportement. Chacune de ces régions qui connaît des changements brusques pourrait être le signe d'un problème de santé. La meilleure stratégie pour empêcher l'aggravation des problèmes de santé mineurs est l'intervention précoce.

Pensées finales

Le maintien de la santé d'un ouistiti nécessite un engagement, une expertise et une observation étroite. Une alimentation équilibrée, un environnement hygiénique et stimulant et un traitement vétérinaire de routine peuvent aider à prévenir une multitude de problèmes de santé courants. Assurer la longévité, la santé et le bonheur de votre ouistiti dépend de votre capacité à reconnaître les symptômes avant-coureurs de la maladie et à prendre des mesures immédiates.

CHAPITRE 7 :

STIMULATION MENTALE ET ENRICHISSEMENT POUR LES OUITIS

S'assurer qu'un ouistiti bénéficie de nombreuses opportunités de stimulation mentale et d'enrichissement est l'un des éléments les plus cruciaux pour le garder en bonne santé et heureux. Les ouistitis sont intrinsèquement intéressés et énergiques puisqu'ils sont des primates grégaires et cognitifs. Ils ont besoin d'un environnement stimulant qui stimule leur curiosité innée et soutient des activités comme l'escalade, la recherche de nourriture et la résolution de problèmes. En l'absence d'enrichissement suffisant, les ouistitis peuvent éprouver de l'ennui, des tensions et des problèmes de comportement, notamment de l'agressivité, de l'automutilation ou des actions répétées.

Prendre conscience de la valeur de l'enrichissement

Une grande partie de la journée d'un ouistiti est passée à l'extérieur à chercher de la nourriture, à traverser son habitat arboricole complexe, à socialiser avec les autres membres de son groupe et à éviter les prédateurs. Ces activités leur procurent une stimulation mentale et physique, ce qui favorise le maintien de leur santé émotionnelle et cognitive. Pour éviter la stagnation mentale et l'insatisfaction en captivité, il est essentiel de reproduire autant que possible ces activités naturelles. L'amélioration offre de l'exercice, satisfait les envies naturelles du ouistiti et peut même le protéger contre les problèmes de santé liés à l'inactivité, comme la dépression ou l'obésité.

Types d'enrichissement

Pour garder votre ouistiti intéressé et actif, vous pouvez ajouter une variété d'activités d'enrichissement à son environnement. Il s'agit d'un enrichissement nutritionnel, social, cognitif, sensoriel et physique.

1. *Enrichissement physique* : Donner à votre ouistiti des chances de grimper, de sauter et d'explorer est l'objectif principal de l'enrichissement physique. Étant arboricoles, les ouistitis passent la plupart de leur temps dans les arbres. Pour favoriser l'escalade et le saut en captivité, offrez une cage à plusieurs niveaux avec des branches, des cordes, des plates-formes et des balançoires. Pour garder votre ouistiti intéressé, vous pouvez ajouter de nouvelles structures d'escalade ou réorganiser la cage régulièrement.

2. *Enrichissement sensoriel* : Les ouistitis utilisent leurs sens pour explorer leur environnement, donc stimuler leurs sens est une excellente méthode pour les maintenir intéressés. Placer la cage à côté d'une fenêtre où le ouistiti peut voir des oiseaux ou d'autres animaux apportera un enrichissement visuel. Jouer de la musique apaisante, des cris d'oiseaux ou les sons d'une forêt tropicale sont des exemples d'enrichissement auditif. Les ouistitis bénéficient également d'un enrichissement tactile, qui consiste notamment à doter leur enclos d'une variété de textures, telles que des jouets texturés, une literie moelleuse et des branches avec divers motifs d'écorce.

3. Enrichissement cognitif : En tant que créatures extrêmement intelligentes, les ouistitis ont besoin d'une stimulation mentale pour rester en bonne santé. Les mangeoires à puzzle sont idéales pour promouvoir la pensée critique et les compétences en résolution de problèmes chez les ouistitis, car elles nécessitent que l'animal résolve un puzzle ou fasse fonctionner un objet afin d'obtenir de la nourriture. Pour promouvoir des comportements naturels de recherche de nourriture, vous pouvez dissimuler la nourriture dans de minuscules récipients, dans les coins et recoins de leur habitat ou dans des jouets de recherche de nourriture.

4. *Enrichissement social* : Parce que les ouistitis sont des créatures grégaires, ils aiment interagir avec d'autres ouistitis ainsi qu'avec leurs soignants humains. Afin de compenser l'absence d'autres compagnons ouistitis, vous devrez accorder beaucoup de soins et d'attention à votre ouistiti solitaire. Il est préférable, dans la mesure du possible, d'héberger de nombreux ouistitis dans un groupe social, car cela leur permettra d'interagir les uns avec les autres via le jeu, le toilettage et la communication. Cependant, lorsque vous introduisez de nouveaux ouistitis, gardez toujours à l'esprit leur personnalité et leur compatibilité.

5. Enrichissement alimentaire : Offrir une alimentation diversifiée ainsi que des possibilités de pratiques de recherche de nourriture biologique peuvent constituer un enrichissement en soi. Vous pouvez occuper votre ouistiti tout en le nourrissant en lui donnant de la nourriture pour laquelle il doit travailler, comme des fruits dans des jouets ou du miel sur des branches. En offrant une variété de goûts et de textures, comme des fruits tendres et des insectes croquants, leur fournira également une alimentation qui ressemble beaucoup à la variété de choses qu'ils rencontreraient dans la nature.

Établir un calendrier d'enrichissement

Les Ouistitis profitent de la nouveauté et de la variation de leur environnement. Vous pouvez empêcher votre ouistiti de s'ennuyer en créant un programme d'enrichissement quotidien qui alterne les jouets et les activités afin qu'il ait toujours quelque chose de nouveau à découvrir. Faites attention à la façon dont votre ouistiti réagit aux diverses formes d'enrichissement et modifiez le calendrier en fonction de ses préférences.

Un jour, vous pourriez, par exemple, lui fournir des branches supplémentaires pour grimper et cacher la nourriture dans des mangeoires puzzle pour lui donner une stimulation à la fois nutritionnelle et physique. Le lendemain, vous pourrez jouer différents bruits et fournir des jouets puzzle en mettant l'accent sur la stimulation sensorielle et cognitive. En faisant tourner votre ouistiti, vous pouvez vous assurer que tous ses besoins physiques et mentaux sont satisfaits.

L'éducation comme amélioration

En plus de fournir une stimulation cognitive, le dressage de votre ouistiti peut améliorer la relation que vous entretenez avec votre animal. Avec l'utilisation de méthodes de renforcement positif comme l'entraînement au clicker, vous pouvez enseigner à votre ouistiti des compétences encore plus sophistiquées en plus des instructions de base comme « viens » et « reste ». Étant donné que les séances de formation incluent la résolution de problèmes et l'apprentissage basé sur les récompenses, elles constituent une excellente méthode pour stimuler l'intellect de votre ouistiti. Pour que votre ouistiti reste intéressé par l'entraînement, soyez patient, offrez-lui beaucoup de friandises et de compliments, et rendez les séances d'entraînement courtes et agréables.

CHAPITRE 8 :

CONSIDÉRATIONS JURIDIQUES ET RESPONSABILITÉS ÉTHIQUES

Avant d'adopter un ouistiti dans votre maison, vous devez évaluer soigneusement les énormes obligations juridiques et éthiques qui en découlent. Par rapport à un animal de compagnie typique, les ouistitis nécessitent un entretien beaucoup plus compliqué car ce sont des espèces exotiques. Être un propriétaire responsable signifie connaître les règles de possession d'un ouistiti dans votre communauté ainsi que les ramifications morales de la possession d'un animal aussi sociable et intellectuel en captivité.

Exigences en vertu de la loi pour la propriété de ouistitis

La légalité de posséder un ouistiti dépend grandement de votre emplacement. Posséder un ouistiti est sévèrement restreint, voire illégal, dans plusieurs pays et États en raison de préoccupations concernant le bien-être des animaux, la sécurité publique et la possibilité d'introduire des animaux non indigènes dans l'écosystème. La propriété pourrait être autorisée dans d'autres endroits, bien que certaines autorisations ou permis puissent être nécessaires.

Vous devez vous renseigner sur les exigences légales de votre région avant d'acheter un ouistiti. Cela peut inclure de découvrir quelles lois sont en vigueur en contactant votre agence locale de contrôle de la faune ou des animaux. Pour protéger le bien-être de l'animal, il peut parfois vous être demandé de démontrer que vous possédez les compétences et les ressources nécessaires pour prendre soin d'un ouistiti, ou vous devrez peut-être respecter certaines exigences en matière d'hébergement ou d'enrichissement.

Des amendes, saisies d'animaux ou poursuites judiciaires peuvent suivre le non-respect de la réglementation municipale. Vous pouvez également éviter d'acheter un ouistiti auprès de sources contraires à l'éthique ou illégales, telles que celles engagées dans le commerce illicite d'animaux de compagnie ou le trafic d'animaux sauvages, en étant conscient des ramifications juridiques.

Problèmes moraux liés à la propriété des ouistitis

Les propriétaires potentiels doivent tenir compte d'importantes considérations éthiques, même dans les régions où la possession de ouistitis est autorisée. Puisque les ouistitis ne sont pas des animaux apprivoisés, leur structure sociale et leur comportement naturel sont complexes. Si leurs besoins ne sont pas satisfaits, les garder en captivité peut leur causer un stress physique et psychologique. De nombreux experts affirment également que ces animaux ne conviennent pas à la plupart des gens comme animaux de compagnie.

Problèmes de bien-être

La possibilité d'un mauvais bien-être est l'un des principaux problèmes éthiques liés à la possession de ouistitis. Les ouistitis ont besoin de soins très particuliers, comme une nourriture diversifiée, des cages spacieuses et complexes, de nombreuses opportunités de socialisation et une stimulation mentale. Sous-estimer la quantité de soins nécessaires pour maintenir la santé et le bonheur d'un ouistiti peut conduire à la négligence, à un logement inapproprié ou à une socialisation insuffisante de la part du propriétaire.

De plus, les ouistitis n'ont peut-être pas autant de contacts sociaux qu'ils le feraient dans la nature, car ils sont souvent hébergés seuls ou en petits groupes. Des problèmes de comportement, notamment l'anxiété, la colère ou l'automutilation, peuvent en résulter. En raison de ces facteurs, de nombreux groupes de protection des animaux déconseillent de garder les ouistitis dans des foyers autres que les zoos ou les sanctuaires, où leurs besoins pourraient être mieux satisfaits.

Lignes directrices éthiques pour l'élevage

La moralité de la production et de la distribution de ouistitis pour le commerce des animaux de compagnie est un autre problème. Dans certaines circonstances, les ouistitis peuvent être élevés en captivité dans des conditions défavorables, sans se soucier du bien-être des animaux. En plus de subir un stress important lors de la capture et du transport, les ouistitis qui sont retirés de la nature pour le commerce des animaux de compagnie peuvent également voir les populations de leurs habitats naturels diminuer en raison de leur retrait.

Si vous souhaitez acheter un ouistiti, il est essentiel de choisir un éleveur fiable qui donne la priorité au bien-être et à la santé des animaux. Évitez d'acheter auprès d'éleveurs ou d'animaleries qui ne sont pas en mesure de fournir des informations complètes sur les origines, les antécédents médicaux et les besoins d'entretien de l'animal.

Pensées finales

Le bien-être des ouistitis dépend de l'enrichissement et de la stimulation mentale puisqu'ils ont besoin d'un environnement dynamique qui imite leurs activités naturelles. Veiller à ce que les ouistitis soient hébergés dans des environnements qui répondent à leurs exigences complexes nécessite un examen attentif des questions juridiques et éthiques. Pour garantir que ces créatures inhabituelles en captivité mènent une vie heureuse, il est important de comprendre les devoirs et les difficultés liés à la possession d'un ouistiti.

CHAPITRE 9 :

NUTRITION ET ALIMENTATION DU OUITIS

L'un des éléments les plus importants pour prendre soin des ouistitis est de leur fournir une alimentation à la fois nutritive et équilibrée. En raison de leur petite taille, les ouistitis ont des besoins nutritionnels qui doivent être satisfaits afin de maintenir leur santé et leur bien-être. Ce chapitre couvre les conseils d'alimentation pour votre ouistiti de compagnie, les éléments d'une alimentation saine pour les ouistitis et l'importance de l'équilibre nutritionnel.

Comprendre les besoins nutritionnels des ouistitis

Parce que les ouistitis sont omnivores, ils mangent une large gamme d'aliments d'origine végétale et animale. Les fruits, les insectes, la sève des arbres et les minuscules vertébrés constituent leur alimentation naturelle. Afin de reproduire le plus fidèlement possible leur alimentation naturelle, il est important de comprendre leurs besoins nutritionnels.

Éléments clés : Les éléments essentiels suivants devraient faire partie de l'alimentation complète d'un ouistiti :

1. Fruits et légumes : Le régime alimentaire d'un ouistiti doit comprendre une bonne quantité de fruits et légumes frais. Les légumes fournissent des fibres et des nutriments supplémentaires, tandis que les fruits fournissent des vitamines, des minéraux et des glucides essentiels. Proposer une gamme de fruits et légumes est essentiel pour garantir une alimentation équilibrée. Les carottes, les légumes-feuilles et les poivrons sont des exemples de légumes qui peuvent être consommés sans danger, tandis que les fruits sans danger comprennent les pommes, les bananes, les baies et les melons.

2. *Sources de protéines :* Pour leur développement, leur reproduction et leur santé générale, les ouistitis ont besoin de protéines. La source naturelle de protéines que les ouistitis à l'état sauvage obtiennent des insectes sont les insectes ; les propriétaires d'animaux peuvent imiter cela en fournissant des sources de protéines de qualité supérieure comme des vers de farine, des grillons et des farines d'insectes préparées par des professionnels. Même s'ils font partie de l'alimentation, les œufs cuits et de modestes portions de viande maigre ne devraient pas occuper le devant de la scène.

3. Glucides : Les fruits, les légumes et les granulés spécialement conçus pour les primates sont de bonnes sources de glucides, qui fournissent de l'énergie aux ouistitis. Les primates devraient manger des granulés faits spécialement pour eux, car ils contiennent souvent une combinaison de nutriments essentiels.

4. Graisses : Bien que les ouistitis n'aient pas besoin de beaucoup de graisses dans leur alimentation, de bonnes graisses peuvent aider à maintenir la qualité de leur pelage et de leur peau. De petites portions de noix et de graines non salées sont acceptables, mais en raison de leur teneur élevée en calories, elles ne doivent être servies que lors d'occasions spéciales.

5. *Calcium et phosphore :* Pour les os des ouistitis en particulier, un bon rapport calcium/phosphore est essentiel. Il est important d'inclure des aliments riches en calcium, notamment le brocoli et le chou frisé, et de s'assurer que ces minéraux sont correctement équilibrés dans l'alimentation.

Formuler un régime équilibré

Il est crucial de rechercher l'équilibre et la diversité lors de la création d'un régime alimentaire pour votre ouistiti. Ces suggestions peuvent vous aider à développer une alimentation complète :

1. La variété est la clé : Une alimentation diversifiée est bénéfique aux ouistitis, tout comme à nous. Fournir une variété de fruits et légumes non seulement satisfait leurs besoins alimentaires, mais les empêche également de s'ennuyer. Pour que les choses restent intéressantes, essayez de proposer une variété de fruits chaque jour et changez souvent de produit.

2. Évitez les aliments transformés : Les aliments sucrés et transformés doivent être évités car ils peuvent contribuer à l'obésité et à d'autres problèmes de santé. Concentrez-vous plutôt sur l'offre de repas complets et biologiques qui ressemblent beaucoup à leur alimentation naturelle.

3. Contrôle des portions : Étant donné que les ouistitis sont sujets à l'obésité, surveillez la taille des portions. Comparés aux animaux plus gros, ils ont besoin de moins de quantités en raison de leur petite taille. Adapter la quantité de nourriture à son poids et à son niveau d'activité ; pour des instructions plus détaillées, parlez à un vétérinaire.

4. Supplémentation : Même si une alimentation complète devrait fournir la majorité des nutriments dont votre ouistiti a besoin, certains propriétaires voudront peut-être penser à lui donner des suppléments. Consultez un vétérinaire pour savoir quels compléments conviennent à votre animal et s'ils sont indispensables.

5. *Eau douce* : Assurez-vous que votre ouistiti a accès à de l'eau propre et fraîche à tout moment. Si les ouistitis tirent leur humidité uniquement de leur alimentation, ils ne peuvent pas toujours boire suffisamment d'eau, ce qui est important pour leur santé générale.

Conseils sur l'alimentation

Il peut être amusant et excitant de nourrir un ouistiti. Observez ces conseils pour une alimentation efficace :

1. *régime alimentaire* : Pour aider votre ouistiti à développer un sentiment de régularité et de prévisibilité, établissez un régime alimentaire régulier. Fournir des repas à des heures constantes chaque jour peut les aider à contrôler leurs habitudes alimentaires et leur niveau de faim.

2. *Opportunités de recherche de nourriture :* Puisque les ouistitis sont omnivores par nature, donnez-leur la chance de trouver de la nourriture. De petits morceaux de fruits et légumes peuvent être cachés autour de leur cage pour favoriser le comportement de recherche de nourriture et la stimulation mentale.

3. *Alimentation interactive :* Profitez des heures de repas pour dialoguer les uns avec les autres. Nourrir votre ouistiti à la main peut améliorer la relation entre vous et améliorer les heures de repas.

4. Observez les modes de consommation : Observez les habitudes alimentaires de votre ouistiti. Des changements dans leurs habitudes alimentaires ou leur faim peuvent indiquer des problèmes médicaux sous-jacents. Gardez un œil sur tout signe de douleur lorsque vous mangez, comme des difficultés à avaler ou à mâcher.

Erreurs alimentaires courantes à éviter

Bien que nourrir les ouistitis puisse être simple, les propriétaires doivent être conscients des erreurs typiques suivantes :

1. Suralimentation : La suralimentation est l'une des pires erreurs. Les ouistitis sont sujets à l'obésité, ce qui peut avoir des effets négatifs sur la santé. Respectez les directives de service et soyez prudent lorsque vous fournissez une quantité excessive de collations.

2. Variété limitée : Des déficits nutritionnels peuvent résulter d'une alimentation sans fard. Pour répondre à ses besoins nutritionnels, assurez-vous que votre ouistiti a accès à une variété de repas.

3. Aliments sucrés : Il est conseillé de limiter les fruits riches en sucre, car une consommation excessive de sucre peut provoquer des problèmes dentaires et l'obésité. Les fruits peuvent être une friandise nutritive, mais la modération est la clé.

4. Ignorer les conseils vétérinaires : Si vous avez des questions sur la nutrition de votre ouistiti, parlez-en toujours à un vétérinaire spécialisé dans les soins aux animaux exotiques. Des examens fréquents peuvent aider à détecter tout problème alimentaire avant qu'il ne s'aggrave.

Pensées finales

Promouvoir la santé et la durée de vie des ouistitis nécessite une compréhension de leurs besoins nutritionnels. Il est possible de garantir que votre ouistiti se porte bien sous vos soins en lui donnant une alimentation variée et équilibrée, en surveillant ses habitudes alimentaires et en évitant les erreurs fréquentes. Une alimentation saine favorise la santé mentale et physique de votre ouistiti, lui permettant de vivre une vie heureuse et épanouie avec vous comme ami.

CHAPITRE 10 :

FORMATION ET ENRICHISSEMENT COMPORTEMENTAL DES OUITIS

La formation et l'enrichissement comportemental sont des éléments essentiels des soins aux ouistitis. Parce qu'ils sont des créatures perspicaces et curieuses, les ouistitis ont besoin d'interaction et de stimulation pour s'épanouir en captivité. Ce chapitre approfondit les idées d'enrichissement comportemental, les méthodes de formation et la valeur de la socialisation pour améliorer la qualité de vie des ouistitis.

Acquérir des connaissances sur l'enrichissement comportemental

Les activités et les changements environnementaux qui soutiennent les comportements naturels et la stimulation mentale sont appelés enrichissement comportemental. L'enrichissement est essentiel pour minimiser l'ennui, réduire les niveaux de stress et favoriser le bien-être général des ouistitis.

Types de fiançailles : Les propriétaires de ouistitis peuvent utiliser diverses techniques d'enrichissement comportemental, notamment :

1. Enrichissement physique : Pour favoriser l'exercice et la découverte, un cadre physique stimulant est nécessaire. Le milieu de vie de votre ouistiti peut être amélioré avec des structures d'escalade, des cordes, des branches et des hamacs, qui encourageront ses habitudes naturelles d'escalade et de saut.

2. Enrichissement sensoriel : L'ajout d'expériences sensorielles pourrait être utile pour les ouistitis, car ils ont d'excellents sens. Comme les parfums peuvent éveiller leur odorat, introduisez des plantes ou des herbes sûres et parfumées dans leur environnement. Leur donner des objets aux textures ou aux sons variés peut également améliorer leur exploration sensorielle.

3. Enrichissement alimentaire : Vous pouvez éviter l'ennui et promouvoir des habitudes naturelles de recherche de nourriture en ajoutant de l'excitation aux heures des repas. Utilisez des mangeoires puzzle qui font travailler votre ouistiti pour sa nourriture, ou cachez de petits morceaux de nourriture autour de son habitat. Cela contribue à stimuler leur esprit en plus de les maintenir intéressés.

4. *Enrichissement social* : Parce que les ouistitis sont des créatures naturellement grégaires, ils gagnent à interagir avec d'autres ouistitis et leurs gardiens. Encourager la socialisation via le jeu ou une manipulation douce est crucial pour la santé mentale de ces personnes.

5. *Enrichissement cognitif* : Vous pouvez augmenter le QI de votre ouistiti en lui proposant des défis mentaux comme des jouets interactifs ou des séances d'entraînement. Leurs capacités cognitives peuvent être améliorées en leur apprenant de nouvelles astuces ou en leur proposant des défis à résoudre.

Mettre en pratique les stratégies d'enrichissement

Il faut de la réflexion et de l'imagination pour offrir à votre ouistiti un habitat enrichissant. Les techniques suivantes peuvent être utilisées pour appliquer avec succès l'enrichissement :

1. Faites pivoter les éléments d'enrichissement : Pour que l'habitat de votre ouistiti reste intéressant et novateur, changez et alternez régulièrement les éléments d'enrichissement. Vous pouvez les garder intéressés et impliqués en leur offrant de nouveaux jouets, des cadres d'escalade et des zones d'alimentation.

2. Observez les préférences : Soyez conscient des inclinations et des activités de votre ouistiti. Alors que certains préfèrent les jouets interactifs ou les activités de recherche de nourriture, d'autres pourraient aimer grimper. Leur participation peut être augmentée en personnalisant les activités d'enrichissement à chacun.

3. Promouvoir les comportements naturels : Créez un milieu de vie pour votre ouistiti qui favorise les comportements naturels. Fournissez des endroits où se cacher, des endroits où grimper et des endroits où se rassembler avec les autres. Un sentiment de sécurité et de confort est favorisé par le fait de ressembler étroitement à leur environnement d'origine.

4. *Comportement de la montre :* Portez régulièrement une attention particulière aux interactions de votre ouistiti avec les objets d'enrichissement. Si les enfants semblent s'ennuyer ou ne pas être intéressés, pensez à modifier les types d'enrichissement que vous proposez ou à ajouter de nouvelles tâches.

Méthodologies de formation des ouistitis

Le propriétaire et l'animal peuvent tirer beaucoup de plaisir et de satisfaction du processus d'enseignement des ouistitis. L'entraînement permet de créer un sentiment de régularité et offre une stimulation mentale en plus de renforcer le lien entre vous et votre ouistiti.

Renforcement positif : Lorsqu'il s'agit de dresser des ouistitis, le renforcement positif fonctionne mieux. Grâce à cette méthode, les actions souhaitables sont récompensées par des bonbons, des compliments ou plus de temps passé à jouer. Lorsque vous donnez un renforcement positif aux ouistitis, ils répéteront les actions que vous souhaitez voir.

Commandes simples :

Commencez par des instructions de base telles que « viens », « reste » ou « asseyez-vous ». Lorsque votre ouistiti réagit de manière appropriée, félicitez-le immédiatement. Assurez-vous de parler sur un ton clair et cohérent. Les sessions de formation doivent être brèves (5 à 10 minutes) afin de retenir l'attention des participants et d'éviter toute insatisfaction.

Formation ciblée : Il s'agit d'apprendre à votre ouistiti à utiliser son nez pour entrer en contact avec un objet, comme votre doigt ou un bâton. Une formation plus avancée peut bénéficier de cette approche, qui peut également faciliter la manutention et le transport.

Socialisation et manipulation : Pour aider votre ouistiti à s'habituer au contact humain, une manipulation et une socialisation régulières sont nécessaires. Chaque jour, passez du temps avec votre ouistiti, en lui prodiguant des soins et une attention affectueux. Cela favorise la confiance et augmente leur sentiment de confort dans leur environnement.

L'importance de la socialisation

Étant des créatures grégaires, les ouistitis aiment interagir avec d'autres ouistitis et leurs gardiens. La socialisation est un facteur important de leur santé mentale et de leur bien-être. Les conseils suivants peuvent aider à la socialisation :

1. Introduction progressive : Pour éviter les tensions et l'hostilité, acclimatez vos ouistitis un à la fois si vous en avez plusieurs. Gardez un œil sur la façon dont ils interagissent et donnez à chacun suffisamment d'espace pour se retirer si nécessaire.

2. Interactions quotidiennes : Prenez le temps chaque jour de créer des liens avec votre ouistiti. Jouez avec eux, offrez-leur des cadeaux et laissez-les explorer dans une zone sécurisée à l'extérieur de leur cage. Cela améliore leurs capacités sociales et votre relation.

3. Enrichissement par le jeu : Assurez-vous que votre ouistiti joue régulièrement. Encouragez le jeu actif en mettant en place des jouets, des tunnels et des cadres d'escalade. Le jeu libère de l'énergie et favorise les compétences sociales.

Pensées finales

La formation et l'enrichissement comportemental sont des éléments essentiels des soins du ouistiti. Vous pouvez améliorer la qualité de vie de votre ouistiti en lui donnant des chances d'établir des liens sociaux, en établissant un environnement passionnant et en utilisant des approches de formation qui incluent le renforcement positif. Votre relation avec un ouistiti bien enrichi est renforcée par le fait qu'il est non seulement heureux mais aussi en meilleure santé.

CHAPITRE 11 :

ASPECTS JURIDIQUES ET OBLIGATIONS ÉTHIQUES DE LA PROPRIÉTÉ DE OUITIS

Des obligations morales et juridiques importantes accompagnent la possession d'un ouistiti. Il est important de comprendre les considérations éthiques et les paramètres juridiques entourant la possession d'un animal exotique avant d'amener l'un de ces adorables animaux chez vous. Les règles relatives à la propriété d'un ouistiti, la valeur du soin moral et les obligations associées à la possession d'un ouistiti seront toutes couvertes dans ce chapitre.

Reconnaître les exigences légales

La première étape pour posséder un ouistiti de manière responsable est de s'informer sur les nombreuses règles et réglementations nationales, étatiques et locales qui contrôlent la propriété d'animaux exotiques. Mieux comprendre ces cadres juridiques vous aidera à garantir que vous respectez la loi et à améliorer le bien-être de votre ouistiti.

1. Licences et permis :

La possession d'un ouistiti peut nécessiter certaines autorisations ou permis dans plusieurs pays. Le but de ces lois est de restreindre les personnes autorisées à posséder des animaux exotiques et de garantir qu'ils soient hébergés humainement. Renseignez-vous sur les procédures d'obtention d'un permis et si vous devez en faire la demande en recherchant la législation locale.

2. Lignes directrices pour la sélection :

Si vous souhaitez élever des ouistitis, vous devrez prendre en compte des restrictions légales supplémentaires. Des lois strictes sont souvent imposées lors de l'élevage afin de contrôler la croissance de la population et garantir le bien-être des animaux. Il est impératif que vous vous familiarisiez avec les réglementations, les exigences et les formalités administratives locales en matière d'élevage.

3. Lois régissant les importations et le transport :

L'importation de ouistitis en provenance de pays étrangers est soumise à des réglementations strictes, alors gardez cela à l'esprit si vous envisagez de le faire. Les licences d'importation d'animaux exotiques sont exigées par certains pays dans le but de mettre fin au trafic illicite d'espèces sauvages et de sauver les espèces menacées. Pour garantir la conformité, examinez toujours les lois des pays dans lesquels vous importez et exportez.

4. Règlements de zonage :

La propriété de ouistitis peut être restreinte ou carrément interdite par les règles de zonage locales. Pour vous assurer que vous êtes en mesure de maintenir légalement un ouistiti dans votre région, il est impératif que vous confirmiez vos restrictions de zonage locales.

5. Lois protégeant les animaux :

On trouve des réglementations sur le bien-être animal dans la plupart des pays et fournissent des lignes directrices sur la manière dont les animaux doivent être traités et soignés. Ces règles incluent souvent des clauses relatives à la nourriture, au logement, aux soins vétérinaires et au bien-être général. Il est de votre devoir en tant que propriétaire de ouistiti de respecter ces réglementations et de vous assurer que votre compagnon reçoit les soins dont il a besoin.

Problèmes éthiques liés à la possession de ouistitis

Le choix d'acheter un ouistiti est fortement influencé par des préoccupations éthiques, même en plus des exigences légales. Les ouistitis sont des créatures sociales sophistiquées avec des exigences distinctes, et pourvoir à ces besoins nécessite un dévouement aux soins moraux.

1. Reconnaître les besoins sociaux des Ouistitis :

Étant des êtres grégaires par nature, les ouistitis s'épanouissent en groupements sociaux. Ils entretiennent des relations sociales complexes et vivent en famille dans la nature. Comprendre les exigences sociales du ouistiti est crucial lorsque l'on envisag d'en posséder un.

- *Compagnonnage :* Le stress et la solitude peuvent résulter du fait de garder un ouistiti seul. Adopter une paire de ouistitis pourrait contribuer à minimiser les problèmes de comportement associés à l'isolement en leur donnant de la compagnie.

- ***Interactions sociales :*** S'il n'est pas pratique d'héberger de nombreux ouistitis, assurez-vous de leur offrir beaucoup d'engagement social et d'enrichissement. Participez à des interactions quotidiennes avec votre ouistiti pour satisfaire ses demandes sociales et soutenir sa santé mentale.

2. Bien-être et niveau de vie :
La propriété éthique implique de donner la priorité à la santé et à la qualité de vie de votre ouistiti. Cela implique de meubler un espace qui répond à leurs exigences émotionnelles, mentales et corporelles.

- ***Enrichissement :*** Pour survivre, les ouistitis ont besoin d'une stimulation mentale et physique. Offrez à votre ouistiti une gamme de jouets, de cadres d'escalade et d'opportunités d'exploration pour le garder heureux et diverti.

- *alimentation et Nutrition :* Assurez-vous que la nourriture que vous donnez à votre ouistiti est adaptée à ses besoins nutritionnels uniques et est équilibrée. Découvrez quels aliments les ouistitis doivent manger et demandez conseil à un vétérinaire pour savoir comment les nourrir correctement.

- *Soins vétérinaires :* Pour garder un œil sur la santé de votre ouistiti et remédier à tout problème potentiel, un suivi vétérinaire régulier est nécessaire. Être un propriétaire éthique, c'est prendre sa santé en main et bénéficier de soins vétérinaires lorsque cela est nécessaire.

3. Prise en compte des pratiques d'élevage :

Il est essentiel d'aborder l'élevage de ouistitis de manière responsable si vous envisagez de le faire. Des pratiques d'élevage responsables qui donnent la priorité au bien-être des animaux participants sont essentielles.

- *Dépistage de santé* : Assurez-vous que les ouistitis mâles et femelles sont en bonne santé et ne présentent aucun problème génétique avant de les accoupler. Le dépistage génétique peut aider à stopper la transmission de maladies génétiques chez la descendance.

Placement responsable **:** Si vous souhaitez vendre ou donner des bébés ouistitis, assurez-vous que leurs nouveaux propriétaires peuvent leur prodiguer les soins dont ils ont besoin. Interviewez en profondeur les adoptants potentiels pour vous assurer qu'ils comprennent les obligations associées à la possession d'un ouistiti.

4. *Comprendre l'importance de la propriété :*

Être propriétaire d'un ouistiti signifie que vous avez l'obligation de défendre leur bien-être dans votre maison et dans la communauté dans son ensemble. Pour encourager un comportement moral et dissuader la propriété négligente, accroître la connaissance du public sur les exigences et les difficultés associées à la propriété de ouistitis.

- *Éducation:* Informez les propriétaires potentiels des difficultés liées à la possession d'un ouistiti et diffusez des informations sur les soins à apporter aux ouistitis. Encouragez l'appropriation responsable pour éviter la négligence et la désertion.

- ***Engagement communautaire :*** Participez à des groupes de défense pour le soin des animaux exotiques ou à des organisations locales de protection des animaux. La participation à la communauté peut contribuer à promouvoir l'appropriation éthique et à accroître la compréhension des exigences du ouistiti.

Pensées finales

Quiconque envisage d'introduire l'une de ces créatures intéressantes dans sa maison doit être conscient des obligations éthiques et des ramifications juridiques de la possession d'un ouistiti. Vous pouvez garantir une connexion heureuse et morale avec votre ouistiti en respectant la loi, en accordant la priorité au bien-être de votre ouistiti et en encourageant de bonnes pratiques de propriété. N'oubliez pas qu'être un propriétaire d'animal responsable implique bien plus que simplement prendre soin de votre animal de compagnie ; cela implique également de promouvoir le bien-être de l'espèce et d'enseigner aux autres la valeur de posséder un animal de compagnie de manière morale.

CHAPITRE 12 :

LES PLAISIRS DE PROPRIÉTER UN OUITIS ET CRÉER UN LIEN FORT

Pour ceux qui aiment les animaux, avoir un ouistiti peut être l'une des expériences les plus enrichissantes. Ces petits primates sont réputés pour leur intelligence, leurs compétences sociales et leur vivacité. Ce chapitre passera en revue les plaisirs de posséder un ouistiti, les avantages de développer une relation étroite avec votre animal et des conseils sur la façon de maintenir ce lien fort tout au long de la vie de votre animal.

Le caractère distinctif des ouistitis

Étant des animaux intelligents et très sociables, les ouistitis se font des amis intéressants et amusants. Le plaisir d'en avoir un est renforcé par leur propre personnalité et leurs actions. Parmi les caractéristiques essentielles figurent :

1. S'amuser :
L'enjouement est un attribut bien connu des ouistitis. Ils peuvent offrir à leurs propriétaires de nombreux moments heureux et excitants lorsqu'ils grimpent, sautent et explorent leur environnement. Leur curiosité insatiable pousse souvent les enfants à explorer de nouveaux objets et décors, offrant ainsi un divertissement illimité.

2. Échange social :

Étant des créatures grégaires, les ouistitis aiment interagir avec d'autres ouistitis ainsi qu'avec leurs homologues humains. Ils établissent une connexion vivante et intéressante avec leurs propriétaires en utilisant des vocalisations, un langage corporel et des actions ludiques pour transmettre leurs sentiments.

3. Conduite généreuse :

Les ouistitis peuvent développer des relations étroites avec leurs gardiens bien qu'ils soient des créatures autonomes. Ils peuvent se toiletter, se faire des câlins ou simplement s'asseoir près de vous pour tenter de vous montrer leur amour. Le frisson de propriété est renforcé par le lien émotionnel fort qui se forme pendant ces moments intimes.

Les avantages de former un lien étroit

Développer une relation étroite avec votre ouistiti est essentiel à la fois pour votre bonheur en tant que propriétaire d'animal et pour sa santé mentale. Une relation solide renforce la confiance, apaise les tensions et motive les bonnes actions. Voici quelques avantages de favoriser cette relation :

1. Réduction du stress :

Les Ouistitis réussissent mieux dans des situations sûres et stables. Un sentiment de sécurité découlant d'une relation étroite avec son propriétaire peut réduire considérablement le stress et l'anxiété. Leur sentiment de sécurité dans leur environnement est renforcé par ce lien, bénéfique pour leur santé générale.

2. Compétences sociales améliorées :

Un engagement et une socialisation réguliers aident les ouistitis à devenir plus aptes à interagir avec les gens et les autres animaux. Le jeu et l'entraînement peuvent améliorer leur capacité d'interaction et de communication, ce qui en fait un compagnon plus poli.

3. Meilleure conduite :

Une meilleure conduite est généralement le résultat d'une solide amitié. L'agressivité et les vocalisations excessives sont des exemples de comportements indésirables que les ouistitis sont moins susceptibles d'afficher lorsqu'ils se sentent en sécurité et aimés. Au contraire, ils sont plus susceptibles d'interagir socialement et d'être ouverts à l'instruction.

4. Satisfaction des émotions :

Développer un lien étroit avec votre ouistiti peut être très enrichissant sur le plan émotionnel. L'amour, l'affection et les expériences communes créent un lien spécial qui rend la vie plus agréable.

Façons de renforcer votre relation avec votre ouistiti

Construire une relation solide avec votre ouistiti demande de la persévérance, de la patience et du temps. Les conseils suivants peuvent vous aider à cultiver cette relation :

1. Prenez du temps les uns pour les autres :

Passez régulièrement du temps de qualité avec votre ouistiti en faisant les choses qu'il veut faire. Il peut s'agir de passer du temps ensemble en jouant, en s'entraînant ou simplement en se relaxant. Votre relation deviendra plus forte à mesure que vous investirez longtemps.

2. Appliquer une récompense positive :

Les Ouistitis réagissent bien au renforcement positif. Lorsqu'ils se comportent de la manière souhaitée, offrez-leur de l'amour, des félicitations et des cadeaux. Cette stratégie renforce les contacts agréables et favorise une connexion basée sur la confiance.

3. Promouvoir la découverte :

Donnez à votre ouistiti la liberté d'explorer ses environs en toute sécurité. Disposez les jouets, les cadres d'escalade et les zones de recherche de nourriture pour créer un environnement animé. L'enquête stimule leur esprit et les rend plus coopératifs lorsqu'ils jouent avec vous.

4. Examinez leurs signaux non verbaux :

Vous et votre ouistiti pouvez améliorer la communication et vous rapprocher si vous pouvez lire son langage corporel. Pour une interprétation précise de leurs désirs et de leurs humeurs, faites attention à leurs postures, vocalisations et expressions faciales.

5. Fournir

Soins cohérents : Instaurer la confiance nécessite de fournir des soins cohérents, qui comprennent une alimentation saine, des examens vétérinaires de routine et une situation de vie stable. Un lien plus fort se crée lorsque votre ouistiti apprend qu'il peut compter sur vous pour répondre à ses exigences.

6. Faites preuve de compréhension et de patience :

Il faut du temps pour établir une relation, surtout avec un nouvel animal de compagnie. À mesure que votre ouistiti s'habitue à son nouvel environnement et à sa nouvelle routine, soyez compréhensif et patient. Permettez-leur de venir vers vous à leur propre rythme et évitez de les maîtriser.

Créer des souvenirs qui durent

Il existe de nombreuses occasions de créer des souvenirs durables en devenant propriétaire d'un ouistiti. Le plaisir de posséder un ouistiti comme animal de compagnie est renforcé par ces rencontres qui vont des ébats amusants aux moments tendres.

1. Enregistrement des événements importants :

Vous souhaiterez peut-être conserver un album ou un cahier pour enregistrer les réalisations, les habitudes et les occasions spéciales de votre ouistiti. Garder une trace de ces moments vous aidera à apprécier encore plus votre relation et constituera un joli souvenir de votre voyage commun.

2. Honorer des occasions particulières :

Honorez les événements remarquables, y compris l'anniversaire ou l'anniversaire d'adoption de votre ouistiti. Offrez-leur une friandise unique, un tout nouveau jouet ou un espace de jeu amélioré pour les aider à créer des souvenirs précieux. Ces festivités peuvent renforcer votre lien et vous apporter de bons souvenirs à chérir.

3. Participation à des activités conjointes :
Cherchez des choses à faire qui vous plairont tous les deux. Il peut s'agir de créer des parcours d'obstacles à franchir, de s'engager dans des activités interactives ou simplement de passer du temps de qualité ensemble en silence. Partager des aventures ensemble améliore votre lien et vous donne un sentiment d'accomplissement.

Pensées finales

Avoir un ouistiti peut rendre votre vie très heureuse et épanouissante. Vous pouvez établir une connexion heureuse qui améliore votre vie et celle de votre ouistiti en apprenant à connaître leurs caractéristiques individuelles, en renforçant votre lien et en créant des souvenirs durables. Acceptez les plaisirs de posséder un animal de compagnie, chérissez les moments uniques et donnez à ces animaux étonnants l'affection et l'attention dont ils ont besoin. En fin de compte, l'une des parties les plus satisfaisantes de votre voyage ensemble sera la relation que vous entretenez avec votre ouistiti.

CHAPITRE 13 :

QUESTIONS ET RÉPONSES FRÉQUEMMENT POSÉES (FAQ)

Foire aux questions (FAQ) sur la propriété et les soins des singes ouistitis

1. Qu'est-ce qu'un ouistiti et quelle est la raison de sa popularité comme animal de compagnie ?

La famille des petits singes Callitrichidae, qui comprend des espèces comme le ouistiti commun et le ouistiti pygmée, abrite des ouistitis. Ils sont les favoris des futurs propriétaires d'animaux de compagnie en raison de leur personnalité intelligente, grégaire et vivante. Leur nature sociable, leurs dispositions curieuses et leur petite stature ajoutent à leur attrait en tant qu'animaux de compagnie exotiques. Mais avoir un ouistiti exige un fort dévouement pour connaître ses besoins particuliers et lui accorder l'attention dont il a besoin.

2. Quelles sont les ramifications juridiques de la possession de ouistitis ?

Les lois régissant la propriété des ouistitis diffèrent d'une nation à l'autre, d'un État à l'administration locale. Avant d'acheter un ouistiti, il est important de connaître et de respecter les réglementations locales. Pour entretenir un ouistiti, vous devrez peut-être obtenir une licence ou une autorisation à divers endroits. Les animaux exotiques peuvent être soumis à certaines limitations ou carrément interdits dans certaines régions. Pour obtenir des conseils sur la propriété légale, contactez toujours votre service local de contrôle des animaux ou de la faune.

3. De quel type d'environnement les ouistitis ont-ils besoin ?

Les ouistitis ont besoin d'un habitat riche en possibilités d'escalade, d'exploration et d'interaction avec les autres. Leur bien-être nécessite une cage spacieuse et sécuritaire comportant de nombreux niveaux, des aires de jeux et différents jouets. Leur donner accès à un espace de jeu sécurisé à l'extérieur de leur cage est également bon pour leur stimulation mentale et physique. En plus d'être sécuritaire et agréable, l'habitat doit être bien rangé.

4. Que consomment les ouistitis et comment puis-je m'assurer que leur alimentation est bien équilibrée ?

En raison de leur nature omnivore, les ouistitis ont besoin d'une alimentation diversifiée composée de fruits, de légumes, d'insectes et de granulés spécialement conçus pour les primates. Environ 50 % d'une alimentation saine devrait provenir de fruits et de légumes, 25 % de sources de protéines (telles que les insectes) et 25 % de granulés de qualité supérieure pour primates. Pour garantir une nutrition adéquate, il est essentiel de connaître les besoins nutritionnels de votre type particulier de ouistiti et de parler à un vétérinaire spécialisé dans les animaux exotiques.

5. Comment puis-je interagir et m'assurer que mon ouistiti est ajusté ?

Pour qu'un ouistiti reste en bonne santé, la socialisation est essentielle. Participez à des interactions quotidiennes avec votre ouistiti en lui offrant des cadeaux et des éloges – des méthodes de renforcement positif. Permettez à vos ouistitis de socialiser entre eux si vous en avez plusieurs, car ils réussissent mieux en groupe. Avoir des jouets et des activités dans une atmosphère stimulante contribue au développement des compétences sociales et aide à éviter les problèmes de comportement.

6. Quels sont les problèmes de santé courants du ouistiti et comment puis-je les éviter ?

Les ouistitis sont sensibles à un certain nombre de problèmes de santé, notamment des troubles digestifs, l'obésité et des difficultés dentaires. Des examens vétérinaires fréquents sont nécessaires pour suivre leur état de santé et identifier rapidement tout problème. Proposer une alimentation saine et favoriser l'exercice physique via le jeu et la découverte pour éviter l'obésité. Assurez-vous que leur environnement est également sans stress et hygiénique pour éviter tout effet négatif sur leur santé.

7. Est-il possible de dresser des ouistitis et quelles sont les techniques de dressage efficaces ?

Oui, les méthodes d'entraînement par renforcement positif sont efficaces pour entraîner les ouistitis. L'entraînement au clicker est un type d'entraînement dans lequel un clic indique un comportement souhaité, puis une récompense est donnée. Commencez par des instructions de base comme « viens » ou « asseyez-vous », puis progressez vers des instructions plus difficiles. Étant donné que les ouistitis réagissent bien aux incitations et aux bonnes interactions, la cohérence et la patience sont essentielles.

8. Que dois-je faire si mon ouistiti présente un comportement problématique ?

Les difficultés comportementales d'un ouistiti peuvent être causées par le stress, un manque de stimulation ou des problèmes sociaux. Examinez l'environnement et la routine de votre ouistiti s'il démontre un comportement agressif, des vocalisations excessives ou d'autres caractéristiques indésirables. Assurez-vous que les enfants reçoivent suffisamment de stimulation mentale, physique et sociale. Demandez conseil à un vétérinaire ou à un comportementaliste animalier qualifié spécialisé dans les animaux exotiques si les problèmes persistent.

9. Comment puis-je construire une relation solide avec mon ouistiti ?

Vous devrez investir du temps, de la patience et un engagement continu pour aider votre ouistiti et vous nouer une relation profonde. Chaque jour, passez du temps ensemble à faire des choses que votre ouistiti aime faire. Utiliser des stratégies de renforcement positif pour favoriser les actions souhaitables et établir la confiance. Mieux comprendre leurs exigences et leur langage corporel peut également renforcer votre lien avec eux.

10. Que faut-il prendre en compte avant la reproduction des ouistitis ?

La planification et la réflexion réfléchie sont essentielles lors de l'élevage de ouistitis. Il faut s'assurer que les ouistitis, mâles et femelles, sont en bonne condition physique et n'ont pas de problèmes héréditaires. N'oubliez pas de prendre en compte le temps et l'argent nécessaires pour élever les enfants et leur trouver des foyers convenables. Assurez-vous que vous êtes prêt à prodiguer les soins appropriés aux bébés ouistitis en recherchant les règles locales relatives à l'élevage.

11. Quelles obligations morales accompagne le fait d'avoir un ouistiti ?

La fourniture d'un environnement adapté, d'une alimentation équilibrée, de contacts sociaux et de soins vétérinaires de routine font partie des devoirs éthiques associés à la possession d'un ouistiti. Le bien-être et le niveau de vie de votre ouistiti doivent primer. De plus, être un propriétaire responsable, c'est connaître ses besoins, s'exprimer pour son bien-être et encourager les comportements moraux dans le quartier.

12. Quels services sont offerts aux propriétaires de ouistitis ?

Les propriétaires de ouistitis ont accès à une multitude de documents, tels que des livres, des forums de discussion sur Internet et des groupes locaux d'animaux exotiques. Consultez également des propriétaires de ouistitis avertis et des vétérinaires spécialisés dans les animaux exotiques. S'impliquer dans des groupes en ligne peut également vous aider à assumer les tâches liées à la possession d'un ouistiti en offrant un soutien et des informations utiles.

www.ingramcontent.com/pod-product-compliance
Lightning Source LLC
Chambersburg PA
CBHW052209220526
45471CB00004B/1891